Sudoku

75 Easy to Hard Puzzles to Enjoy

volume #1

peppler press

peppler press

Copyright © 2020 Peppler Press

All rights reserved. No part of this book may be reproduced or used in any form without the prior written permission of the publisher.

Contents

Conquer the Grid:......... 4
How to Play Sudoku

Sudoku Puzzles........... 7

🌿 *25 Easy Puzzles 9*

🌿 *25 Medium Puzzles 35*

🌿 *25 Hard Puzzles 61*

Answer Key 87

Conquer the Grid
How to Play Sudoku

Sudoku is a number placement puzzle that even a self-identified "non-numbers" person can enjoy. Seriously, no math is involved, yay!

It is a grid-based game that stimulates the logical part of your brain. It trains your brain to think strategically and creatively to solve the puzzle.

The rules to play Sudoku are easy:

Rule 1: Fill in the missing numbers.

A classic Sudoku puzzle consists of a 9x9 playing grid divided into 9 blocks of 3x3 (9-square) subregions.

Each puzzle is pre-populated with some number clues to get you started.

Your challenge is to fill in the empty squares with a number from 1 to 9. And, this is where your real puzzle solving mission begins.

Rule 2: No repeats! No omissions!

Each number from 1 to 9 should be used only once in each row, column, or 3x3 (9-square) box of the larger grid.

number clues   *solution*

Rule 3: Have fun!

Each puzzle has a single unique solution.

This book includes 75 easy to hard Sudoku puzzles for you to enjoy. Solutions for each puzzle start on page 87.

Sudoku Puzzles

25

Easy Puzzles

Easy

1

		6	7		1	8		
			4	3			7	
		3	6		8	1		
2	4	8		6		7	9	
	1				7			3
3	5			8			4	
				7	4	5		9
				1	2	4		
			9		6		1	8

Easy

2

				3	8			4
4		3		7		5	2	
			4			8		6
8	2				7			1
3	5			8			4	
1		7			2		9	
	1	4	7		3		8	2
	3	2						5
5				9		1		

Easy

3

3				2		1	6	
			9		8		2	
		8	6		3	7		
			2			3	5	
6	2	5	7				1	
4		3	5	8				
			3			5	8	
8	3		1		5			9
		1		6			3	7

Easy

4

8					6	7		
		6	2					1
		7	8		4	6		3
		1	9	2	8		6	
		9			5			8
4		8		1				9
7	1	4				9		
	9					3		2
3	8						1	4

Easy

5

	8	5		6				4
	1				9	6	5	
		6		3	4			1
6	4		1	5	3		8	
9			2				3	
			9					2
8				7		9	1	
1	3		4	9			6	
5					8	4	7	

Easy

6

		9	1	2		4		3
			7	5				
8		7						5
3	8				2	1	4	7
	5		4				6	
7	9	4		1	6			
		1		6	7	5	3	
6		5	9					4
	7	8		4		6		

Easy

7

9	1					4	8	
6		3	9			1		
2	8						5	
4		2	8					1
	6		2	5		3		8
					3	7	2	
			5	4		2		9
1					6	8	3	
	9	8	3	1		6	4	

Easy

8

			8	2	3			
		5	7	4	6		1	
2	8		9		1	7		
1			5	8				3
		7				2	9	
8	2	4						
		2				3	8	
9	7	3	4			6		5
					7	1	4	9

Easy

9

		6	1		3	5		
		9	7			4	6	
			9		4			1
5		4		1		6		2
	1	3			7			4
		8	5		9		1	3
3	9	2			5			
6				3	1	9		5
							2	7

Easy

10

8		3		1			7	
2				5	3			
5	6	9	8				3	1
9		8	1		2	5		
	2	6	3				1	9
7		5				8		3
							4	
1			6	2		3		
		4	7		1			2

Easy

11

					1	3		8
				7	3			
2		1		8	9	4	6	7
3	4			1	6	2	8	9
		2					1	4
				9	4	5		
	2		1				4	
6	1	7			5			
		4				6		1

Easy

12

9	8			1			5	
						8	7	2
6	4				7		3	9
		1	2	7	9			
3	6			8			9	
		4						
	8	9	5		4	3	1	6
	2			6				8
	3		1			7	2	5

Easy

13

	6	1	8		4	7		
4	2		5	1		3		8
		3	2			5	1	
	9	2	6		1		7	
							8	
6			4	2		1		
			3	4				
							4	1
8	4	5		6	7	9		3

Easy

14

7	4	1				3		8
8			4		2		9	6
	9	2				4	5	
				2	9		6	5
2		6	5		3		1	
						2		
	2	8		3				4
3	6	5	7	1	4			
			2			6		1

23

Easy

15

7			1		5			
3	4	5	7				6	
9	1		8					
6	2				9	8	4	
4	7	1				2		
			4	2				
	5	7			8	4		
	3			5	6	9		
8				4			1	2

Easy

16

9	2	5			4			7
4			1	3	9	5		
6			5					9
				1	8	6	9	
2					3	1	7	4
		6	7	4				
		3			7	9		8
	6			8		4		
	4		9			7	3	

Easy

17

6		5	9	1		2	3	
4	9		8					
	1		6			9		
	8	1					2	
7		4		3			5	
	2	9	5			4		
				5	8	6	9	1
9	3				2			
1			7	9		3		2

Easy

18

	9			1				3
		1				7		2
			2				5	8
9		7	6	5			8	4
1		4						5
6	2		3	8				1
	6	9		3	2	8	1	
8		2	4					
7				9		4	2	

Easy

19

	7	8	4				6	
		6			3	5		
		9	5			7		8
2			3	4		9		6
9	6	4	1	8	5			
8	3			2	9		1	
7	9			3				
	8	2						
			9	5		6	7	

Easy

8		3	5	7		9	6	4
			6	9				8
4			8			5	7	
1				5	6			
	8	5			3		4	
	3			4				6
	4		1		5			9
5							3	1
7			3	2	9		8	

Easy

21

	4	6	7					
9							3	6
	5	1				8		4
		3		5		9	2	1
7		2	4	1	9			8
	9		3	2				
6		7	8			1		
	3		1		4			2
	1	4		7	3	6		

Easy

22

9				4				1
2		6	1		5			
	5	7	3	8		9	4	6
		1		7	9	5		
	9		4			3		2
6		3	9			4	8	
5			8		4	6		
8	2		6	5	3		9	7

Easy

23

4	1		5			2	7	
8							6	
	3				1			5
1		7			2			
	2	3			7			9
5	9		1			3		7
9				2		7	4	
	7			9	8	5		1
	6	5	7		4	8		

Easy

2	6			1				
8			7	6		9		1
	1			5		7	8	
1	7	3		4			5	
	2	4	1				6	7
				3				
		8	4	7	5			3
	4		6	9			7	
	5					6	9	4

Easy

		6	5	1			4	
	5					8		
	9	1						7
4						7		5
	3	7	1	6	8		9	
		9	7			3		6
8			2	9	3			4
9				4	5	2	7	8
		2	8					9

25

Medium Puzzles

Medium

1

9		8			1	4		
		3		8		5		
	6				5		3	8
			5				1	
		7	6		4		8	5
	4	5		1		7	2	9
				9		1		
	2	4					9	
	1		4		7			

Medium

2

				6	2	3		
		4	9					
	8			4			6	7
		2			9			6
		6		2		5	7	3
	7					1		
7					6		3	
8	3	5			7		2	4
2			3	5				

Medium

3

1	9	3			6			
	4						7	9
	7	2	3		4	8		
7	5			6		4	9	
	6			3			8	
	8		5		9	2		
6	2	8				7	5	
4		7						
	3		2	7			4	

Medium

4

	4		8	9				
		2	7		3		1	
	7	8					5	9
	1				4		8	5
7	8							6
6			9		8		2	
	9		4	1			3	2
		5	2		6			
				3			4	

Medium

5

9	1		8					
	3	6			1	8	4	7
		5				1		
7	4				9	2		
		3	2	1				
			7	6				5
	7		9					
				3	2		5	1
3					6	9	8	4

Medium

6

			8		2			1
9	7			6		3	2	5
6				2		9	5	
7	9	2	5			8	6	4
			6				1	
					7			8
	4	7		8				9
	3		1	9		2	7	

Medium

7

2		1			4			
7	4	3	9					2
				7		1		
5				9		7	4	
	9			1				5
		4	5	8	7		3	6
		9		2		5		
	1	6	7			4	2	
	5					6		

Medium

8

						2	5	9
	7						1	
5		3			9			
							8	7
	1			5	2	9		
6		8	7	3	1			
3		2		6				5
		1	5		4	3		8
				2	7	4		

Medium

9

1								3
	6	3		8				
		5	3				2	1
				4	6			9
3			2	9		4	1	6
	4				5			
9		2	6	5			4	
7			8				3	
5	8						7	2

Medium

10

	6					1		
2		4		3	1		9	
	8	3	4	7		5		6
4		2			3		7	5
				2				
	7		9		6	2		
5			7				6	4
3					4			7
				8	5			

Medium

11

		4	2					1
7						3		5
8			1		3	4		
3			8	1		6		9
5			3	4	6			7
	8	1	5				4	
1			7	2				
	5		4		9		1	6
	7		6					

Medium

12

		8			2	5	3	
	4	3	9					6
	6	1			8	2	9	
8	2		1					
							7	2
			5	2	3			8
			6		7	4		
	3			5	1			9
9	5		3				2	7

Medium

13

	3						9	
1		5	4		2			
		4			6	2	7	
6	1	3				4	8	
					4			2
4			8	1		7	5	
	8		3				2	5
			7	2				
		2			9	1		

Medium

14

			3				7	
6	5	8						9
			5					
		7		8	1	5		6
						4	8	7
	4	6		2				3
5		3		6	2	7	4	
9		1		5		6		
2						9		

Medium

15

9	2					6	4	1
	8	4						
		3	4		9	2		
					5	3	8	
2			8					4
		6	7	1	3			
4	5	9	3					
	7			6		8		
	6	8					3	2

Medium

16

9					2			
		1	4	6			8	9
8	2	7		9	3	5		
		4	9				2	
7		2			1		9	5
						8		1
					6			
2	9			1				3
4	6			5		7		

Medium

17

		3		4				
	1			2		3	6	9
	7			1	3	4		
9		5	3			7		4
							5	1
				7		2		
4	6		2		8		7	3
			1	9	7		4	5
7					4			

Medium

18

9		7		1				3
			2	8	7	9		4
4	8			9	5			7
			5	7	8		1	2
	3		1					
5							8	
			4		6			
2	7			3		5		9
8								

Medium

19

7		1	8	2			3	5
	9		3	4		7	1	
2		6	5				8	
					3			
	6	5				1		
				6		8	5	
		2			5		6	7
4		7		3		5		
	5	3		9		4		

Medium

20

9		8	4	7				3
				8			2	7
	7			1			9	
5		6					4	
	9	3	8	6				
	4		1		3			
	2		6		9			5
6				4			7	
4			7					8

Medium

21

6		2	5	1	9			
							1	
7		1			2	4		
5	2			7				4
			9			7	5	8
		8	4	6			9	
	9		2		4	8	7	
	3	7			6	1	4	

Medium

22

8				2	1			4
			8	3		5	6	2
							1	
9								
6		4	7			2		3
5			1		6	7		
	5	7	4	1		8		
1		2			5			
				7		1	3	

Medium

	4		3		2		9	1
8					4		6	
			7		9	4		
	6	4		7		9		2
	2			3		6		
5		7		2		1		
				4		3	2	
	9	2	1					
3			2		7			

Medium

24

				6		5		
4	6				5		3	
1				4			7	8
5		8			1			6
	7	1	5	8	6			
3			2					
		3	6	1	2		5	7
7	1		3			8		
		4			8			3

Medium

5	1			2	7			
		7	3	9				5
9		2			5	1		
			9			8		
		9		7				4
4	5	1						
		3			6		9	
1				8	3			
	2	8	5		9	3	7	

25

Hard Puzzles

Hard

1

		2						5
	1			6	7			
		6		2		4		
		5	7		3	6		
9								
						2		7
				8				
6			1				9	
3	8		5					4

Hard

2

7				9		1	5	
4			2					
		2	7	6		9		
		4						
	8						7	
	6					8	2	4
	1		9					8
					5			9
	2		6		8	5		

Hard

3

2		8					4	
				9	2		7	
	1	4						
	9		3			5		
	8	5		7			6	
		3			4			
1					7			3
	3			1			9	6

Hard

4

			2		4			
	1				9	7		
9	6			1	8			
8				6				2
				3			5	6
3	7							9
	5		3					
	8			2			1	

Hard

5

5		9				7		
					2			
	8	6		3			4	
	9			7				
1	4			6			3	
8		3	5				6	
4		2	1		6			
				2				6
					8			

Hard

6

7		5	6			8		
				1			7	
2			3					
3	9							
	1	2						5
	4		9	7				2
			2				4	
		8						1
		3			6			7

Hard

7

								7
		1	3			2		
2	5				6			
		9			4		6	
	7			9		3	1	
5						7		
6		2	1					4
		5						
	4		9	2			7	

Hard

8

3	4		9				1	
	6		7	4		9		
						4		
1	9		8		5		4	
					2			
4								
	3	8						2
		5		8			6	
6					1	5		

Hard

9

7			2			8		
				9				
4		6					3	
		1				2		7
3					9	6		1
9					4			
		2			1		6	
			3			7		
		3	5		2			

Hard

10

	5			7		4		
			4		1		5	
		4	2					
		7					3	
1					3	2		
9						1		
		1		3	8		2	
		8		9				5
	4	3	6		2			

Hard

11

5		4						
	1							7
					3			
	4		2		5		6	1
8				9		2		
2			6				3	
	6				1	8		5
	5				2			4

Hard

12

6			2	3			7	5
	1					9		
	2			7	4			
2		8						
					7			3
	4			6	9	8		
		5						
	7			4		6	9	

Hard

13

			6			2		
		7			3			
8								7
4		9			1			
			7	6	4			
		8	5				3	6
				1	7			
	1	2					9	8
				2			6	

Hard

14

4			5		9			
3		7						
				1		9		
7	8		3					2
		6			1			9
							7	
2	5						9	7
				2				
		4			6		2	1

Hard

15

		8					2	1
1			9					7
5	7	4		2				
				7	5	6		
			1	3				2
							5	
	4	2		5			6	3
6	9						8	

Hard

16

			8	2	9		6	
							2	
1						4		3
	6						5	
			7	6		9		
4					5	8		
					4			
	4	1		9	3			
		3						8

Hard

17

		3		2		9		
			1					
	5			9	8			7
7			6					
							3	5
				4				1
1							9	8
	7				1			
	9	4		5	3	7		

Hard

18

7	2							4
9				1			8	
	5						2	
				7				8
1			2					3
				6	3		4	7
6	8			5				
3					1			
				2	4		6	

Hard

19

4		6			5		8	7
5	1		6	8				
		8				3		
		4			2		3	
			3			9		
	9		4				6	
8	6			2				
3								
						5	4	

Hard

			9	5	4	3		
2				6				4
	3	6		7		8		
6	5			3				
	8		5	1				
							7	
		2						
		3					6	7
9	7		4					

Hard

21

					5			
		4			6	3		
	9		2	7				
	7	8		1				9
				5	4	2		
	6		7					
			5					6
8							7	4
	3				9	1		

Hard

22

				5			9	
		6	4		7			5
	4			1	2			
1						6	8	
7		8		4				2
9						3		
	3		1				7	
				8		1	2	

Hard

		5	7				1	
7			8				9	
		3			6			8
		1	5			4		6
	9							
			2	3				
		4				1		
8								2
5			6				8	

Hard

24

		5		8		1		
6	7		4		5			
	5		7	9				
	2			3			8	
					6			4
		8		6		5		2
		9		4			3	
			2					

Hard

		3		5		6		
					3			2
7		4				1		
						9		3
	8		7					
		9		3	1	7	4	
		7	9	6		5		
		2			8			
5								

ANSWER KEY

1 - Easy

5	9	6	7	2	1	8	3	4
1	8	2	4	3	5	9	7	6
4	7	3	6	9	8	1	5	2
2	4	8	1	6	3	7	9	5
6	1	9	5	4	7	2	8	3
3	5	7	2	8	9	6	4	1
8	6	1	3	7	4	5	2	9
9	3	5	8	1	2	4	6	7
7	2	4	9	5	6	3	1	8

2 - Easy

2	6	5	9	3	8	7	1	4
4	8	3	6	7	1	5	2	9
7	9	1	4	2	5	8	3	6
8	2	9	3	4	7	6	5	1
3	5	6	1	8	9	2	4	7
1	4	7	5	6	2	3	9	8
6	1	4	7	5	3	9	8	2
9	3	2	8	1	6	4	7	5
5	7	8	2	9	4	1	6	3

3 - Easy

3	5	9	4	2	7	1	6	8
1	7	6	9	5	8	4	2	3
2	4	8	6	1	3	7	9	5
9	8	7	2	4	1	3	5	6
6	2	5	7	3	9	8	1	4
4	1	3	5	8	6	9	7	2
7	6	4	3	9	2	5	8	1
8	3	2	1	7	5	6	4	9
5	9	1	8	6	4	2	3	7

4 - Easy

8	4	3	1	9	6	7	2	5
9	5	6	2	7	3	8	4	1
1	2	7	8	5	4	6	9	3
5	3	1	9	2	8	4	6	7
2	7	9	6	4	5	1	3	8
4	6	8	3	1	7	2	5	9
7	1	4	5	3	2	9	8	6
6	9	5	4	8	1	3	7	2
3	8	2	7	6	9	5	1	4

5 - Easy

2	8	5	7	6	1	3	9	4
4	1	3	8	2	9	6	5	7
7	9	6	5	3	4	8	2	1
6	4	2	1	5	3	7	8	9
9	5	8	2	4	7	1	3	6
3	7	1	9	8	6	5	4	2
8	6	4	3	7	2	9	1	5
1	3	7	4	9	5	2	6	8
5	2	9	6	1	8	4	7	3

6 - Easy

5	6	9	1	2	8	4	7	3
4	1	3	7	5	9	2	8	6
8	2	7	6	3	4	9	1	5
3	8	6	5	9	2	1	4	7
1	5	2	4	7	3	8	6	9
7	9	4	8	1	6	3	5	2
9	4	1	2	6	7	5	3	8
6	3	5	9	8	1	7	2	4
2	7	8	3	4	5	6	9	1

7 - Easy

9	1	5	6	2	7	4	8	3
6	4	3	9	8	5	1	7	2
2	8	7	4	3	1	9	5	6
4	3	2	8	7	9	5	6	1
7	6	1	2	5	4	3	9	8
8	5	9	1	6	3	7	2	4
3	7	6	5	4	8	2	1	9
1	2	4	7	9	6	8	3	5
5	9	8	3	1	2	6	4	7

8 - Easy

7	4	1	8	2	3	9	5	6
3	9	5	7	4	6	8	1	2
2	8	6	9	5	1	7	3	4
1	6	9	5	8	2	4	7	3
5	3	7	1	6	4	2	9	8
8	2	4	3	7	9	5	6	1
4	1	2	6	9	5	3	8	7
9	7	3	4	1	8	6	2	5
6	5	8	2	3	7	1	4	9

9 - Easy

4	2	6	1	8	3	5	7	9
1	3	9	7	5	2	4	6	8
7	8	5	9	6	4	2	3	1
5	7	4	3	1	8	6	9	2
9	1	3	6	2	7	8	5	4
2	6	8	5	4	9	7	1	3
3	9	2	8	7	5	1	4	6
6	4	7	2	3	1	9	8	5
8	5	1	4	9	6	3	2	7

10 - Easy

8	4	3	2	1	6	9	7	5
2	7	1	9	5	3	4	8	6
5	6	9	8	4	7	2	3	1
9	3	8	1	7	2	5	6	4
4	2	6	3	8	5	7	1	9
7	1	5	4	6	9	8	2	3
6	9	2	5	3	8	1	4	7
1	5	7	6	2	4	3	9	8
3	8	4	7	9	1	6	5	2

11 - Easy

7	5	6	4	2	1	3	9	8
4	8	9	6	7	3	1	5	2
2	3	1	5	8	9	4	6	7
3	4	5	7	1	6	2	8	9
9	6	2	3	5	8	7	1	4
1	7	8	2	9	4	5	3	6
8	2	3	1	6	7	9	4	5
6	1	7	9	4	5	8	2	3
5	9	4	8	3	2	6	7	1

12 - Easy

9	7	8	3	1	2	6	5	4
5	1	3	9	4	6	8	7	2
6	4	2	8	5	7	1	3	9
8	5	1	2	7	9	4	6	3
3	6	7	4	8	5	2	9	1
2	9	4	6	3	1	5	8	7
7	8	9	5	2	4	3	1	6
1	2	5	7	6	3	9	4	8
4	3	6	1	9	8	7	2	5

13 - Easy

5	6	1	8	3	4	7	9	2
4	2	7	5	1	9	3	6	8
9	8	3	2	7	6	5	1	4
3	9	2	6	8	1	4	7	5
1	5	4	7	9	3	2	8	6
6	7	8	4	2	5	1	3	9
2	1	9	3	4	8	6	5	7
7	3	6	9	5	2	8	4	1
8	4	5	1	6	7	9	2	3

14 - Easy

7	4	1	6	9	5	3	2	8
8	5	3	4	7	2	1	9	6
6	9	2	3	8	1	4	5	7
4	3	7	1	2	9	8	6	5
2	8	6	5	4	3	7	1	9
5	1	9	8	6	7	2	4	3
1	2	8	9	3	6	5	7	4
3	6	5	7	1	4	9	8	2
9	7	4	2	5	8	6	3	1

15 - Easy

7	8	2	1	6	5	3	9	4
3	4	5	7	9	2	1	6	8
9	1	6	8	3	4	7	2	5
6	2	3	5	7	9	8	4	1
4	7	1	6	8	3	2	5	9
5	9	8	4	2	1	6	7	3
2	5	7	9	1	8	4	3	6
1	3	4	2	5	6	9	8	7
8	6	9	3	4	7	5	1	2

16 - Easy

9	2	5	8	6	4	3	1	7
4	8	7	1	3	9	5	2	6
6	3	1	5	7	2	8	4	9
3	7	4	2	1	8	6	9	5
2	5	8	6	9	3	1	7	4
1	9	6	7	4	5	2	8	3
5	1	3	4	2	7	9	6	8
7	6	9	3	8	1	4	5	2
8	4	2	9	5	6	7	3	1

17 - Easy

6	7	5	9	1	4	2	3	8
4	9	2	8	7	3	1	6	5
8	1	3	6	2	5	9	7	4
5	8	1	4	6	9	7	2	3
7	6	4	2	3	1	8	5	9
3	2	9	5	8	7	4	1	6
2	4	7	3	5	8	6	9	1
9	3	6	1	4	2	5	8	7
1	5	8	7	9	6	3	4	2

18 - Easy

2	9	8	7	1	5	6	4	3
5	4	1	8	6	3	7	9	2
3	7	6	2	4	9	1	5	8
9	3	7	6	5	1	2	8	4
1	8	4	9	2	7	3	6	5
6	2	5	3	8	4	9	7	1
4	6	9	5	3	2	8	1	7
8	1	2	4	7	6	5	3	9
7	5	3	1	9	8	4	2	6

19 - Easy

5	7	8	4	9	2	1	6	3
1	2	6	8	7	3	5	9	4
3	4	9	5	6	1	7	2	8
2	5	1	3	4	7	9	8	6
9	6	4	1	8	5	2	3	7
8	3	7	6	2	9	4	1	5
7	9	5	2	3	6	8	4	1
6	8	2	7	1	4	3	5	9
4	1	3	9	5	8	6	7	2

20 - Easy

8	1	3	5	7	2	9	6	4
2	5	7	6	9	4	3	1	8
4	9	6	8	3	1	5	7	2
1	7	4	2	5	6	8	9	3
6	8	5	9	1	3	2	4	7
9	3	2	7	4	8	1	5	6
3	4	8	1	6	5	7	2	9
5	2	9	4	8	7	6	3	1
7	6	1	3	2	9	4	8	5

21 - Easy

3	4	6	7	8	2	5	1	9
9	7	8	5	4	1	2	3	6
2	5	1	9	3	6	8	7	4
4	8	3	6	5	7	9	2	1
7	6	2	4	1	9	3	5	8
1	9	5	3	2	8	4	6	7
6	2	7	8	9	5	1	4	3
5	3	9	1	6	4	7	8	2
8	1	4	2	7	3	6	9	5

22 - Easy

9	3	8	7	4	6	2	5	1
2	4	6	1	9	5	7	3	8
1	5	7	3	8	2	9	4	6
3	8	1	2	7	9	5	6	4
4	6	2	5	3	1	8	7	9
7	9	5	4	6	8	3	1	2
6	1	3	9	2	7	4	8	5
5	7	9	8	1	4	6	2	3
8	2	4	6	5	3	1	9	7

23 - Easy

4	1	6	5	8	9	2	7	3
8	5	9	2	7	3	1	6	4
7	3	2	4	6	1	9	8	5
1	4	7	9	3	2	6	5	8
6	2	3	8	5	7	4	1	9
5	9	8	1	4	6	3	2	7
9	8	1	3	2	5	7	4	6
2	7	4	6	9	8	5	3	1
3	6	5	7	1	4	8	9	2

24 - Easy

2	6	7	9	1	8	4	3	5
8	3	5	7	6	4	9	2	1
4	1	9	3	5	2	7	8	6
1	7	3	2	4	6	8	5	9
5	2	4	1	8	9	3	6	7
9	8	6	5	3	7	1	4	2
6	9	8	4	7	5	2	1	3
3	4	2	6	9	1	5	7	8
7	5	1	8	2	3	6	9	4

25 - Easy

2	8	6	5	1	7	9	4	3
7	5	4	9	3	6	8	2	1
3	9	1	4	8	2	6	5	7
4	6	8	3	2	9	7	1	5
5	3	7	1	6	8	4	9	2
1	2	9	7	5	4	3	8	6
8	7	5	2	9	3	1	6	4
9	1	3	6	4	5	2	7	8
6	4	2	8	7	1	5	3	9

1 - Medium

9	5	8	3	6	1	4	7	2
4	7	3	9	8	2	5	6	1
2	6	1	7	4	5	9	3	8
3	8	2	5	7	9	6	1	4
1	9	7	6	2	4	3	8	5
6	4	5	8	1	3	7	2	9
5	3	6	2	9	8	1	4	7
7	2	4	1	5	6	8	9	3
8	1	9	4	3	7	2	5	6

2 - Medium

5	1	7	8	6	2	3	4	9
6	2	4	9	7	3	8	5	1
9	8	3	5	4	1	2	6	7
3	5	2	7	1	9	4	8	6
1	9	6	4	2	8	5	7	3
4	7	8	6	3	5	1	9	2
7	4	1	2	8	6	9	3	5
8	3	5	1	9	7	6	2	4
2	6	9	3	5	4	7	1	8

3 - Medium

1	9	3	7	8	6	5	2	4
8	4	6	1	2	5	3	7	9
5	7	2	3	9	4	8	1	6
7	5	1	8	6	2	4	9	3
2	6	9	4	3	7	1	8	5
3	8	4	5	1	9	2	6	7
6	2	8	9	4	3	7	5	1
4	1	7	6	5	8	9	3	2
9	3	5	2	7	1	6	4	8

4 - Medium

5	4	1	8	9	2	3	6	7
9	6	2	7	5	3	8	1	4
3	7	8	6	4	1	2	5	9
2	1	9	3	6	4	7	8	5
7	8	3	1	2	5	4	9	6
6	5	4	9	7	8	1	2	3
8	9	6	4	1	7	5	3	2
4	3	5	2	8	6	9	7	1
1	2	7	5	3	9	6	4	8

Answer Key - Medium Puzzles

5 - Medium

9	1	7	8	4	3	5	2	6
2	3	6	5	9	1	8	4	7
4	8	5	6	2	7	1	9	3
7	4	1	3	5	9	2	6	8
5	6	3	2	1	8	4	7	9
8	2	9	7	6	4	3	1	5
1	7	4	9	8	5	6	3	2
6	9	8	4	3	2	7	5	1
3	5	2	1	7	6	9	8	4

6 - Medium

4	2	1	9	3	5	6	8	7
3	5	6	8	7	2	4	9	1
9	7	8	4	6	1	3	2	5
6	1	4	7	2	8	9	5	3
7	9	2	5	1	3	8	6	4
5	8	3	6	4	9	7	1	2
2	6	9	3	5	7	1	4	8
1	4	7	2	8	6	5	3	9
8	3	5	1	9	4	2	7	6

7 - Medium

2	6	1	8	5	4	3	9	7
7	4	3	9	6	1	8	5	2
9	8	5	3	7	2	1	6	4
5	3	8	2	9	6	7	4	1
6	9	7	4	1	3	2	8	5
1	2	4	5	8	7	9	3	6
4	7	9	6	2	8	5	1	3
8	1	6	7	3	5	4	2	9
3	5	2	1	4	9	6	7	8

8 - Medium

1	8	6	4	7	3	2	5	9
9	7	4	2	8	5	6	1	3
5	2	3	6	1	9	8	7	4
2	3	5	9	4	6	1	8	7
4	1	7	8	5	2	9	3	6
6	9	8	7	3	1	5	4	2
3	4	2	1	6	8	7	9	5
7	6	1	5	9	4	3	2	8
8	5	9	3	2	7	4	6	1

9 - Medium

1	9	8	4	7	2	5	6	3
2	6	3	5	8	1	7	9	4
4	7	5	3	6	9	8	2	1
8	2	1	7	4	6	3	5	9
3	5	7	2	9	8	4	1	6
6	4	9	1	3	5	2	8	7
9	3	2	6	5	7	1	4	8
7	1	6	8	2	4	9	3	5
5	8	4	9	1	3	6	7	2

10 - Medium

9	6	7	2	5	8	1	4	3
2	5	4	6	3	1	7	9	8
1	8	3	4	7	9	5	2	6
4	9	2	8	1	3	6	7	5
6	3	1	5	2	7	4	8	9
8	7	5	9	4	6	2	3	1
5	1	8	7	9	2	3	6	4
3	2	9	1	6	4	8	5	7
7	4	6	3	8	5	9	1	2

11 - Medium

9	3	4	2	6	5	8	7	1
7	1	2	9	8	4	3	6	5
8	6	5	1	7	3	4	9	2
3	4	7	8	1	2	6	5	9
5	2	9	3	4	6	1	8	7
6	8	1	5	9	7	2	4	3
1	9	6	7	2	8	5	3	4
2	5	8	4	3	9	7	1	6
4	7	3	6	5	1	9	2	8

12 - Medium

7	9	8	4	6	2	5	3	1
2	4	3	9	1	5	7	8	6
5	6	1	7	3	8	2	9	4
8	2	9	1	7	6	3	4	5
3	1	5	8	4	9	6	7	2
6	7	4	5	2	3	9	1	8
1	8	2	6	9	7	4	5	3
4	3	7	2	5	1	8	6	9
9	5	6	3	8	4	1	2	7

Answer Key - Medium Puzzles

13 - Medium

2	3	6	1	7	8	5	9	4
1	7	5	4	9	2	8	6	3
8	9	4	5	3	6	2	7	1
6	1	3	2	5	7	4	8	9
7	5	8	9	6	4	3	1	2
4	2	9	8	1	3	7	5	6
9	8	7	3	4	1	6	2	5
3	6	1	7	2	5	9	4	8
5	4	2	6	8	9	1	3	7

14 - Medium

4	1	2	3	9	6	8	7	5
6	5	8	2	4	7	3	1	9
7	3	9	5	1	8	2	6	4
3	9	7	4	8	1	5	2	6
1	2	5	6	3	9	4	8	7
8	4	6	7	2	5	1	9	3
5	8	3	9	6	2	7	4	1
9	7	1	8	5	4	6	3	2
2	6	4	1	7	3	9	5	8

Answer Key - Medium Puzzles

15 - Medium

9	2	7	5	3	8	6	4	1
5	8	4	6	2	1	9	7	3
6	1	3	4	7	9	2	5	8
7	9	1	2	4	5	3	8	6
2	3	5	8	9	6	7	1	4
8	4	6	7	1	3	5	2	9
4	5	9	3	8	2	1	6	7
3	7	2	1	6	4	8	9	5
1	6	8	9	5	7	4	3	2

16 - Medium

9	4	6	5	8	2	1	3	7
3	5	1	4	6	7	2	8	9
8	2	7	1	9	3	5	6	4
5	1	4	9	7	8	3	2	6
7	8	2	6	3	1	4	9	5
6	3	9	2	4	5	8	7	1
1	7	5	3	2	6	9	4	8
2	9	8	7	1	4	6	5	3
4	6	3	8	5	9	7	1	2

17 - Medium

2	9	3	8	4	6	5	1	7
8	1	4	7	2	5	3	6	9
5	7	6	9	1	3	4	2	8
9	2	5	3	6	1	7	8	4
6	3	7	4	8	2	9	5	1
1	4	8	5	7	9	2	3	6
4	6	9	2	5	8	1	7	3
3	8	2	1	9	7	6	4	5
7	5	1	6	3	4	8	9	2

18 - Medium

9	5	7	6	1	4	8	2	3
1	6	3	2	8	7	9	5	4
4	8	2	3	9	5	1	6	7
6	9	4	5	7	8	3	1	2
7	3	8	1	6	2	4	9	5
5	2	1	9	4	3	7	8	6
3	1	9	4	5	6	2	7	8
2	7	6	8	3	1	5	4	9
8	4	5	7	2	9	6	3	1

19 - Medium

7	4	1	8	2	9	6	3	5
5	9	8	3	4	6	7	1	2
2	3	6	5	7	1	9	8	4
8	7	9	1	5	3	2	4	6
3	6	5	2	8	4	1	7	9
1	2	4	9	6	7	8	5	3
9	8	2	4	1	5	3	6	7
4	1	7	6	3	2	5	9	8
6	5	3	7	9	8	4	2	1

20 - Medium

9	1	8	4	7	2	5	6	3
3	6	4	9	8	5	1	2	7
2	7	5	3	1	6	8	9	4
5	8	6	2	9	7	3	4	1
1	9	3	8	6	4	7	5	2
7	4	2	1	5	3	9	8	6
8	2	7	6	3	9	4	1	5
6	3	1	5	4	8	2	7	9
4	5	9	7	2	1	6	3	8

21 - Medium

6	4	2	5	1	9	3	8	7
9	8	3	6	4	7	5	1	2
7	5	1	3	8	2	4	6	9
5	2	9	1	7	8	6	3	4
4	1	6	9	2	3	7	5	8
3	7	8	4	6	5	2	9	1
1	9	5	2	3	4	8	7	6
2	3	7	8	9	6	1	4	5
8	6	4	7	5	1	9	2	3

22 - Medium

8	3	6	5	2	1	9	7	4
7	9	1	8	3	4	5	6	2
2	4	5	9	6	7	3	1	8
9	7	8	2	5	3	6	4	1
6	1	4	7	9	8	2	5	3
5	2	3	1	4	6	7	8	9
3	5	7	4	1	9	8	2	6
1	6	2	3	8	5	4	9	7
4	8	9	6	7	2	1	3	5

23 - Medium

6	4	5	3	8	2	7	9	1
8	7	9	5	1	4	2	6	3
2	1	3	7	6	9	4	8	5
1	6	4	8	7	5	9	3	2
9	2	8	4	3	1	6	5	7
5	3	7	9	2	6	1	4	8
7	5	1	6	4	8	3	2	9
4	9	2	1	5	3	8	7	6
3	8	6	2	9	7	5	1	4

24 - Medium

8	3	9	1	6	7	5	4	2
4	6	7	8	2	5	9	3	1
1	2	5	9	4	3	6	7	8
5	9	8	4	3	1	7	2	6
2	7	1	5	8	6	3	9	4
3	4	6	2	7	9	1	8	5
9	8	3	6	1	2	4	5	7
7	1	2	3	5	4	8	6	9
6	5	4	7	9	8	2	1	3

25 - Medium

5	1	4	8	2	7	9	3	6
8	6	7	3	9	1	2	4	5
9	3	2	4	6	5	1	8	7
2	7	6	9	5	4	8	1	3
3	8	9	1	7	2	6	5	4
4	5	1	6	3	8	7	2	9
7	4	3	2	1	6	5	9	8
1	9	5	7	8	3	4	6	2
6	2	8	5	4	9	3	7	1

1 - Hard

4	3	2	8	1	9	7	6	5
5	1	8	4	6	7	9	3	2
7	9	6	3	2	5	4	8	1
8	2	5	7	4	3	6	1	9
9	6	7	2	5	1	8	4	3
1	4	3	6	9	8	2	5	7
2	5	1	9	8	4	3	7	6
6	7	4	1	3	2	5	9	8
3	8	9	5	7	6	1	2	4

2 - Hard

7	3	6	8	9	4	1	5	2
4	9	1	2	5	3	7	8	6
8	5	2	7	6	1	9	4	3
2	7	4	5	8	6	3	9	1
1	8	3	4	2	9	6	7	5
9	6	5	3	1	7	8	2	4
5	1	7	9	3	2	4	6	8
6	4	8	1	7	5	2	3	9
3	2	9	6	4	8	5	1	7

3 - Hard

2	7	8	5	3	1	6	4	9
3	5	6	4	9	2	1	7	8
9	1	4	7	6	8	2	3	5
7	9	1	3	2	6	5	8	4
4	8	5	1	7	9	3	6	2
6	2	3	8	5	4	9	1	7
1	6	2	9	4	7	8	5	3
5	4	9	6	8	3	7	2	1
8	3	7	2	1	5	4	9	6

4 - Hard

7	9	8	2	5	4	6	3	1
6	2	4	1	7	3	9	8	5
5	1	3	6	8	9	7	2	4
9	6	2	5	1	8	3	4	7
8	3	5	4	6	7	1	9	2
1	4	7	9	3	2	8	5	6
3	7	1	8	4	5	2	6	9
2	5	6	3	9	1	4	7	8
4	8	9	7	2	6	5	1	3

5 - Hard

5	1	9	6	8	4	7	2	3
3	7	4	9	1	2	6	5	8
2	8	6	7	3	5	1	4	9
6	9	5	2	7	3	4	8	1
1	4	7	8	6	9	5	3	2
8	2	3	5	4	1	9	6	7
4	3	2	1	9	6	8	7	5
9	5	8	4	2	7	3	1	6
7	6	1	3	5	8	2	9	4

6 - Hard

7	3	5	6	2	4	8	1	9
9	6	4	5	1	8	2	7	3
2	8	1	3	9	7	4	5	6
3	9	7	8	5	2	1	6	4
8	1	2	4	6	3	7	9	5
5	4	6	9	7	1	3	8	2
1	7	9	2	3	5	6	4	8
6	2	8	7	4	9	5	3	1
4	5	3	1	8	6	9	2	7

7 - Hard

3	6	4	2	5	9	1	8	7
9	8	1	3	4	7	2	5	6
2	5	7	8	1	6	4	9	3
8	1	9	7	3	4	5	6	2
4	7	6	5	9	2	3	1	8
5	2	3	6	8	1	7	4	9
6	9	2	1	7	5	8	3	4
7	3	5	4	6	8	9	2	1
1	4	8	9	2	3	6	7	5

8 - Hard

3	4	7	9	2	8	6	1	5
5	6	1	7	4	3	9	2	8
2	8	9	1	5	6	4	7	3
1	9	3	8	7	5	2	4	6
8	5	6	4	1	2	7	3	9
4	7	2	6	3	9	8	5	1
7	3	8	5	6	4	1	9	2
9	1	5	2	8	7	3	6	4
6	2	4	3	9	1	5	8	7

9 - Hard

7	1	9	2	3	6	8	5	4
2	8	3	4	9	5	1	7	6
4	5	6	8	1	7	9	3	2
8	4	1	6	5	3	2	9	7
3	2	5	7	8	9	6	4	1
9	6	7	1	2	4	5	8	3
5	7	2	9	4	1	3	6	8
1	9	4	3	6	8	7	2	5
6	3	8	5	7	2	4	1	9

10 - Hard

8	5	2	3	7	9	4	1	6
3	7	9	4	6	1	8	5	2
6	1	4	2	8	5	7	9	3
4	2	7	8	1	6	5	3	9
1	8	5	9	4	3	2	6	7
9	3	6	5	2	7	1	4	8
5	9	1	7	3	8	6	2	4
2	6	8	1	9	4	3	7	5
7	4	3	6	5	2	9	8	1

11 - Hard

5	3	4	7	6	8	9	1	2
6	1	8	4	2	9	3	5	7
7	9	2	5	1	3	4	8	6
3	4	9	2	8	5	7	6	1
1	2	6	3	4	7	5	9	8
8	7	5	1	9	6	2	4	3
2	8	7	6	5	4	1	3	9
4	6	3	9	7	1	8	2	5
9	5	1	8	3	2	6	7	4

12 - Hard

6	8	9	2	3	1	4	7	5
7	1	4	6	5	8	9	3	2
5	2	3	9	7	4	1	8	6
2	5	8	4	1	3	7	6	9
9	6	1	8	2	7	5	4	3
3	4	7	5	6	9	8	2	1
8	3	5	7	9	6	2	1	4
1	7	2	3	4	5	6	9	8
4	9	6	1	8	2	3	5	7

13 - Hard

9	4	1	6	7	5	2	8	3
6	5	7	2	8	3	9	4	1
8	2	3	1	4	9	6	5	7
4	6	9	8	3	1	5	7	2
2	3	5	7	6	4	8	1	9
1	7	8	5	9	2	4	3	6
5	8	6	9	1	7	3	2	4
3	1	2	4	5	6	7	9	8
7	9	4	3	2	8	1	6	5

14 - Hard

4	1	2	5	3	9	7	6	8
3	9	7	6	8	4	2	1	5
8	6	5	2	1	7	9	3	4
7	8	9	3	6	5	1	4	2
5	2	6	4	7	1	3	8	9
1	4	3	8	9	2	5	7	6
2	5	8	1	4	3	6	9	7
6	7	1	9	2	8	4	5	3
9	3	4	7	5	6	8	2	1

15 - Hard

9	3	8	5	6	7	4	2	1
1	2	6	9	8	4	5	3	7
5	7	4	3	2	1	8	9	6
3	8	9	2	7	5	6	1	4
4	6	5	1	3	8	9	7	2
2	1	7	4	9	6	3	5	8
7	4	2	8	5	9	1	6	3
8	5	3	6	1	2	7	4	9
6	9	1	7	4	3	2	8	5

16 - Hard

7	3	4	8	2	9	5	6	1
6	8	5	3	4	1	7	2	9
1	9	2	6	5	7	4	8	3
3	6	9	4	1	8	2	5	7
5	1	8	7	6	2	9	3	4
4	2	7	9	3	5	8	1	6
2	7	6	1	8	4	3	9	5
8	4	1	5	9	3	6	7	2
9	5	3	2	7	6	1	4	8

17 - Hard

6	1	3	5	2	7	9	8	4
9	8	7	1	6	4	2	5	3
4	5	2	3	9	8	1	6	7
7	4	1	6	3	5	8	2	9
2	6	8	7	1	9	4	3	5
5	3	9	8	4	2	6	7	1
1	2	5	4	7	6	3	9	8
3	7	6	9	8	1	5	4	2
8	9	4	2	5	3	7	1	6

18 - Hard

7	2	8	5	3	6	1	9	4
9	6	3	4	1	2	7	8	5
4	5	1	8	9	7	3	2	6
2	3	4	9	7	5	6	1	8
1	7	6	2	4	8	9	5	3
8	9	5	1	6	3	2	4	7
6	8	2	7	5	9	4	3	1
3	4	9	6	8	1	5	7	2
5	1	7	3	2	4	8	6	9

19 - Hard

4	3	6	2	9	5	1	8	7
5	1	7	6	8	3	4	9	2
9	2	8	1	4	7	3	5	6
7	5	4	9	6	2	8	3	1
6	8	2	3	5	1	9	7	4
1	9	3	4	7	8	2	6	5
8	6	9	5	2	4	7	1	3
3	4	5	7	1	9	6	2	8
2	7	1	8	3	6	5	4	9

20 - Hard

7	1	8	9	5	4	3	2	6
2	9	5	8	6	3	7	1	4
4	3	6	2	7	1	8	5	9
6	5	4	7	3	2	1	9	8
3	8	7	5	1	9	6	4	2
1	2	9	6	4	8	5	7	3
5	6	2	3	9	7	4	8	1
8	4	3	1	2	5	9	6	7
9	7	1	4	8	6	2	3	5

21 - Hard

1	8	6	4	3	5	7	9	2
7	2	4	9	8	6	3	5	1
5	9	3	2	7	1	6	4	8
4	7	8	3	1	2	5	6	9
3	1	9	6	5	4	2	8	7
2	6	5	7	9	8	4	1	3
9	4	1	5	2	7	8	3	6
8	5	2	1	6	3	9	7	4
6	3	7	8	4	9	1	2	5

22 - Hard

5	9	7	2	3	8	4	6	1
3	8	4	6	5	1	2	9	7
2	1	6	4	9	7	8	3	5
6	4	9	8	1	2	7	5	3
1	2	3	5	7	9	6	8	4
7	5	8	3	4	6	9	1	2
9	6	1	7	2	5	3	4	8
8	3	2	1	6	4	5	7	9
4	7	5	9	8	3	1	2	6

Answer Key - Hard Puzzles

23 - Hard

9	8	5	7	2	3	6	1	4
7	4	6	8	1	5	2	9	3
1	2	3	4	9	6	7	5	8
3	7	1	5	8	9	4	2	6
4	9	2	1	6	7	8	3	5
6	5	8	2	3	4	9	7	1
2	3	4	9	5	8	1	6	7
8	6	9	3	7	1	5	4	2
5	1	7	6	4	2	3	8	9

24 - Hard

9	8	2	3	7	1	4	5	6
4	3	5	6	8	9	1	2	7
6	7	1	4	2	5	3	9	8
8	5	4	7	9	2	6	1	3
7	2	6	1	3	4	9	8	5
1	9	3	8	5	6	2	7	4
3	1	8	9	6	7	5	4	2
2	6	9	5	4	8	7	3	1
5	4	7	2	1	3	8	6	9

25 - Hard

8	2	3	1	5	7	6	9	4
6	1	5	4	9	3	8	7	2
7	9	4	2	8	6	1	3	5
4	7	1	6	2	5	9	8	3
3	8	6	7	4	9	2	5	1
2	5	9	8	3	1	7	4	6
1	3	7	9	6	4	5	2	8
9	4	2	5	1	8	3	6	7
5	6	8	3	7	2	4	1	9

www.ingramcontent.com/pod-product-compliance
Lightning Source LLC
Chambersburg PA
CBHW071415210526
45465CB00001B/402